Die amerikanischen Turmbauten, die Gründe ihrer Entstehung, ihre Finanzierung, Konstruktion und Rentabilität

Von

Dr. rer. pol. Karl Fritz Stöhr
Diplom=Ingenieur

Mit 55 Abbildungen

München und Berlin 1921
Druck und Verlag von R. Oldenbourg

VORWORT.

Der Eindruck, den der Reisende oder der Auswanderer bei der Einfahrt in den Hafen von New-York beim Anblick des gewaltigen Massivs der amerikanischen Wolkenkratzer empfindet, ist schwer mit Worten wiederzugeben und kann nur der in vollem Umfange begreifen, der dieses Schauspiel einmal selbst vor seinen Augen hat vorüberziehen lassen.

Macht schon der Hafen von New-York an und für sich durch seine Ausdehnung und durch seine Belebtheit einen spannenden Eindruck, so wird er besonders dadurch interessant gestaltet, daß die Riesenozeandampfer beinahe bis an den Fuß der Gebäuderiesen der Halbinsel Manhattan heranfahren können, was dadurch möglich wird, daß die gewaltigen Flüsse Hudson und East River die auf Manhattan liegende Altstadt von New-York zungenartig umschließen.

Verfasser dieser Abhandlung hat in der Zeit vom Mai 1912 bis zum April 1914 in den Vereinigten Staaten (Chicago) gelebt und war während dieser Zeit als Techniker bei zwei bedeutenden Architektenfirmen in Stellung; die größere der beiden war die Firma D. H. Burnham Co. in Chicago, das größte Architektenbureau der Vereinigten Staaten, welches durch die Projektierung der meisten bislang gebauten Wolkenkratzer eine Berühmtheit erlangte. Der Verfasser fand in diesen zwei Jahren reichlich Gelegenheit, die Verhältnisse der Vereinigten Staaten eingehend kennenzulernen und die politischen, Arbeits- und Wirtschaftsverhältnisse des Landes zu studieren. Auch die aus letzteren Verhältnissen hervorgewachsene Notwendigkeit des Turmbaues ist dem Schreiber dieser Zeilen zur Gewißheit geworden.

Zweck der Arbeit ist, Leser aller Berufszweige in kurzen Zügen mit dem Entstehen und organischen Leben der Gebäuderiesen bekanntzumachen, wobei die von ihm angefertigten Photos und Zeichnungen zum besseren Verständnis der Ausführungen das ihrige beitragen wollen. Die Ausführungen sind nicht aus anderen Abhand-

lungen abgeschrieben oder, wie es des öfteren bei derartigen Nieder-
legungen der Fall ist, lediglich Wiedergabe von persönlichen Mittei-
lungen, die ein Studienreisender von einem Eingeborenen erhalten
hat, den er interviewte und dessen oft mangelhafte und fehlerhafte
Angaben (die bei dem großzügigen Amerikaner an der Tagesordnung
sind) von ihm peinlichst kopiert werden, sondern der Verfasser hat
die Unterlagen an Ort und Stelle, im Bureau oder auf dem Bau per-
sönlich aufgenommen, zu wiederholten Malen überprüft und die An-
sichten von Fachleuten in Parallele gezogen und sich sein Urteil
daraus gebildet. Die lange Dauer des Weltkrieges und die politischen
Verhältnisse Deutschlands nach der Revolution haben den Verfasser
bisher davon abgehalten, einer Publikation der längst vorbereiteten
Abhandlung näherzutreten.

Die Verhältnisse des Turmbaues in den Vereinigten Staaten sind
derzeit noch die gleichen, wie 1914, nachdem dortselbst ähnlich wie
bei uns während der gesamten Zeit des Weltkrieges lediglich Industrie-
bau für Waffen- und Ausrüstungsherstellung betrieben wurde und
der Geschäfts- und Wohnhausbau gänzlich darniederliegen mußte.
Neue namhafte Gebäuderiesen sind demnach seither nicht entstanden;
die Verhältnisse auf dem Baumarkte haben sich lediglich dahin ge-
ändert, daß der Krieg eine umfangreiche Preissteigerung der Baumaterialien bewirkte, die mit einer allgemeinen Lohnsteigerung sich
gepaart hat. Der bei uns herrschende Wohnungsmangel findet sich
in gleicher Form auch in den Vereinigten Staaten von Nordamerika.

Ich nehme bei dieser Gelegenheit Veranlassung, allen jenen
Persönlichkeiten und Firmen, die mir mit großer Bereitwilligkeit
Einblick in die amerikanischen Bauverhältnisse gewährten, meinen
geziemendsten Dank zum Ausdruck zu bringen, insbesondere sage
ich dem Inhaber der Firma D. H. Burnham & Co., Herrn D. H. Burnham jun. in Chicago, für seine mir in liebenswürdigster Weise zur
Verfügung gestellten Unterlagen und persönlichen Aufklärungen
meinen tiefgefühltesten Dank.

München, im Juni 1920.

Stöhr.

INHALTS-VERZEICHNIS.

EINLEITUNG.

Allgemeines über Turmbauten.

Die amerikanischen Turmbauten, ein autonomes Gebilde der Vereinigten Staaten, gehören zu den Kuriositäten der Technik wie sie das Riesenkulturland in großer Anzahl geschaffen hat, Bauten, die den Städten ein eigenartiges Gepräge aufdrücken und einen mächtigen Eindruck auf das Gemüt des Beschauers machen, auch selbst dem Gegner derselben ein stummes Erstaunen entringen. Der Amerikaner nennt diese Gebäude sky-scrapers, high office buildings, loft buildings oder lofts.

Während wir in Europa und in anderen Weltteilen, z. B. Australien, nur vereinzelt Geschäftshäuser und öffentliche Gebäude mit 7—8 Stockwerken vorfinden, so gibt es in den Vereinigten Staaten keine Großstadt, in der wir nicht eine Reihe von solchen Bauriesen im Geschäftsviertel entdecken; in den Hauptzentren des amerikanischen Lebens, wie New-York, Chicago, St. Louis, San Franzisko, finden wir umfassende Stadtteile beinahe einheitlich von diesen gewaltigen Baublöcken besetzt, deren niedrigster kaum unter 20 Stockwerke herabsinkt. Der unermeßliche Reichtum des amerikanischen Volkes, dessen großkapitalistisches Wirtschaftssystem und dessen tollkühnes, rücksichtsloses Unternehmertum, haben diese Wunder menschlicher Schaffungskraft entstehen lassen und geben von der weltbeherrschenden Stellung und dem erdrückenden Umfang des amerikanischen Handels, insonderheit auch der amerikanischen Industrie, aber auch von der vernichtenden Rücksichtslosigkeit derselben beredten Ausdruck. Der Amerikaner selbst bezeichnet als Turmbauten Häuser, die mehr als 10 Etagen messen und über 120 Fuß (40 m) hoch sind. In den Vereinigten Staaten ist eine scharfe Trennung zwischen Geschäftsstadt und Wohnstadt zu machen, ebenso wie zwischen Bureau- oder Geschäftsgebäude einerseits und Wohn-

haus anderseits. Während letztere Häuserart nach unserem europäischen System aus Granit, Backstein oder Holz gebaut werden, infolge ihrer wesentlich einfacheren und beinahe unsoliden Bauart
feuergefährlich im Sinne des Wortes sind, werden die Bureaugebäude
nach einem Stahlbeton (steel-concrete) System gebaut, wobei das
eiserne Fachwerk des Gebäudes der allein statisch tragende Teil des
Bauwerks ist, während alle übrigen Materialien nur als Wärmeschutz
und zur Feuersicherheit Verwendung finden; der Amerikaner nennt
diese Bauten kurzweg fire-proof buildings. Die Turmbauten finden
Verwendung in erster Linie als Bureau- und Warenhäuser, in zweiter
Linie als Hotels und vereinzelt als Wohngebäude der reichsten Teile
des Volkes; letztere Gebäude liegen fernab des Verkehrs in Parks
und an großen Seen der Städte und haben die Form des Etagen-
mietshauses.

Abb. 1.

I. ABSCHNITT.

Turmbauten in älteren Zeiten.

Bauten, die die normale Höhe menschlicher Bauweise über-
schreiten, finden wir schon in früheren Zeiten und haben hierin die
alten Kulturvölker Asiens, wie Ägypter, Assyrier, Babylonier, Perser,
Inder u. dgl., ferner auch die Bewohner des alten Mexiko (die Az-
teken) Staunenswertes geleistet. Während die modernen Kulturmenschen gewöhnlich wirtschaftliche Gründe zur Schöpfung hoher
Bauwerke treiben, waren es für die alten Kulturmenschen vornehm-
lich religiöse Motive, die dem Verlangen derselben entsprangen, den
Göttern, die sie in lichten Höhen wähnten, näher zu kommen, wegab

Abb. 2.

vom Staub der Straße dem blauen Äther entgegen; nachdem sie sich
ihre Götter in übermäßigem Körpermaße in ihrer Phantasie ausmalten,
suchten sie auch beim Bau der Tempel und Heiligtümer den Abglanz
der göttlichen Macht nachzubilden. Ich erinnere an die riesenhaften
Gestalten der ägyptischen Sphinxen und an die Pyramiden, deren
bedeutendste, die Cheopspyramide, 148 m hoch ist; ferner an die
Riesentempel dieses Volkes zu Edfu, Baalbeck, Karnack und Luxor.

Der Turmbau von Babylon war ein pyramidenartiger Terrassen-
bau von 120 m Höhe. Im Bereiche des Religionsgebietes der Buddi-
sten in Indien finden wir als Tempel sog. Pagoden, pyramidenartige
Terrassenbauten, die oftmals ganz erhebliche Höhen erreichten (siehe
Abb. 1). Zwei alte Klosterbauten seien hier genannt: einer mit dem
Namen Nakhon Wat in Angkor (Siam) und das Buddha-Laya-
Kloster in der chinesischen Tartarei; in letzterem Falle ein Wohnhausbau mit elf Etagen in den Bergen des nördlichen Chinas (siehe
Abb. 2 und 3). Schließlich sei hier ein $67^{1}/_{2}$ m hoher Porzellanturm
genannt, der als Denkmal einer chinesischen Kaiserin beim Kloster
der Erkenntnis zu Nanking stand.

Abb. 3.

TEOCALLI LAS LIAJAS BEI PALENQUE.
Abb. 4.

Auch im alten Mexiko, dem Kulturreich der Olmeken und Tel-
teken, finden wir pyramidenartige Tempelbauten, die 60 m und noch
mehr erreichten. Als Ferd. Cortez anno 1519 das Aztekenland brand-
schatzte, fand er in Tenoclititlan, der nachmaligen Stadt Mexiko,
einen Ort mit rund 360 Türmen, die teilweise über 50 m hoch waren
(siehe Abb. 4 und 5).

Römer und Griechen bauten ihre gewaltigen Theater, Triumph-
bögen und Thermen. Auch im Mittelalter gab der Kirchenbau zu
Riesenbauten Veranlassung, die besonders in gotischer Stilform entstanden; daneben seien die Burgen und Schlösser genannt. Erst im
späteren Mittelalter und bei Beginn der Neuzeit griff man auch beim
Geschäftshausbau zu größerer Höhe und Etagenzahl und verschiedene
Handelshäuser in Städten wie Hamburg, Bremen, Lübeck, Magde-
burg, Nürnberg, Augsburg, Ulm usw. zeigen 7—8 Stockwerke, von
denen gewöhnlich 2—3 in die Dachhaut eingefügt wurden.

Abb. 5.

II. ABSCHNITT.

Wodurch wurde der amerikanische Turmbau hervorgerufen?

Der gewaltige Aufschwung des amerikanischen Wirtschaftslebens, aufbauend auf einem unermeßlichen Reichtum eines unausgebeuteten Landes mit unübersehbaren Bodenschätzen und einer Vegetation des gemäßigten und tropischen Klimas, gestützt auf Erfahrungen des Mutterlandes, unberührt von Kriegen und geleitet von gegenseitigem Einverständnis der politisch gereiften und freien Staatsbürger, all diese Umstände legten den Grundstein für eine großzügige, den örtlichen Verhältnissen angepaßte Bauweise, die Hand in Hand mit der Durchbildung der modernen Technik Kunstwerke des Ingenieurbaues zur Entwicklung kommen ließ.

1. Städtebildung und Geschäftskonzentration der Amerikaner.

Veranlassung zur Erbauung der amerikanischen Turmbauten gab die außergewöhnliche Art der Entwicklung der amerikanischen Städte, die Geschäftskonzentration, der hohe Bodenpreis und der Volkscharakter der Amerikaner. Die Entwicklung der amerikanischen Städte hat einen vollkommen anderen Verlauf genommen, als die unserer Städte in Europa. Die amerikanischen Städte haben sich infolge des gewaltigen Zustroms von Einwanderern aus der alten Welt in verhältnismäßig kurzen Zeiträumen entwickelt, die jedem Fremden Bewunderung abringen muß. Wir haben in den Vereinigten Staaten Städte, die in einer Zeitspanne von 20—40 Jahren aus nichts zu mächtigen Geschäfts- und Verkehrsmetropolen angewachsen sind, wenn auch nicht zu leugnen ist, daß diesen Städten eine übereilte, ungesunde, fast möchte ich sagen unsolide Entwicklungsform bis zum heutigen Tage stark anzuerkennen ist. Ich nenne Chicago, das 1870 völlig abbrannte und bis zu jener Zeit als Bauform nur elende Holzhütten aufwies, aber seit dem großen Brande mit Windeseile zu einer Riesenindustriestadt sich entwickelte, die infolge ihrer großen Parks und Anlagen entlängs des Michigansees auch gewisse Reize entfaltet. Ich erwähne ferner ein kleines Städtchen im Osten Chicagos, »Gary in Indiana«, das den großen Eisenwerken der U. St. steel works und der American bridge Co. ihre Entstehung verdankt

und berühmt wurde, ein Städtchen, von dem 1908 nichts weiter als
sandige Steppen zu sehen waren, die sich entlängs des Michigansees
hinziehen; 1914 war dortselbst eine verkehrsreiche Stadt mit rund
60000 Einwohnern entstanden. Eben jene Stadt ist durch die Ver-
suche der Zementgußhäuser berühmt geworden, von denen man
ihrer Unzweckmäßigkeit halber wieder abgekommen ist. Wesent-
liche Vorteile kamen diesen amerikanischen Städtebauern zugute;
keine Kriegsnot und Kriegsgefahr zwang die Leute, wie bei uns, sich
in engen Quartieren hinter schweren Mauern zu verteidigen; all
die bitteren Erfahrungen und Mängel im europäischen Wohnungsbau
auszumerzen, bot sich den Einwanderern reichlich Gelegenheit und
schließlich stand Kapital in unübersehbarem Maße zur Verfügung.
Grundlegend beim Aufbau der Städte war in Amerika die strikte
Trennung von Geschäfts- und Wohnviertel, die in England beheimatet
und durchgebildet worden waren; man spricht von business district
und residence town, die durch ein wohlausgebautes System von
Straßenbahnen, Vollbahnen, Untergrund- und Hochbahnen mit-
einander verbunden sind. In den Städten, die bei ihrem Aufbau die
Trennung von Geschäfts- und Wohnstadt von vornherein nicht zum
Ausdruck brachten, machte sich in dem zweiten Teil des 19. Jahr-
hunderts eine gewaltige Abwanderung der Bevölkerung der City
nach den Vororten geltend, so daß heutzutage in der Geschäftsstadt
nur mehr öffentliche und private Bureaugebäude, Läden, Hotels,
Lunchrooms u. dgl. zu finden sind. Die Geschäftsstadt füllt sich in
den Morgenstunden mit Menschenmassen, während abends nach
6 Uhr nur mehr die Erholungsuchenden dortselbst verweilen; nach
Eintritt der Polizeistunde vollends (1 oder 2 Uhr morgens) bietet
die City das Bild einer Totenstadt.   ·

Während der Amerikaner auf der einen Seite jeglichen geschäft-
lichen Lärm von seiner Wohnstätte fernhält, richtet er auf der andern
Seite sein Augenmerk darauf, daß er bei Ausfüllung seines Berufes
keine weiten Wege zu gehen hat; er liebt Vereinfachung und Vereinheitlichung des Geschäftsverfahrens und wohl in keinem Lande
ist der geschäftliche Verkehr im Handel und in der Industrie in so
hohem Maße nach obigem Prinzip ausgebildet und zentralisiert. Er
ist dazu erzogen, keine sozialen Bedenken über die verhängnisvolle
Macht des Großkapitals zu hegen, bevorzugt nur den Großunter-
nehmer zu nicht geringem Nachteil für das Handwerk, das mehr auf
Instandsetzung als auf Produktion herabgedrückt wird. Das reiche,
unausgebeutete Land ermöglicht jedem fleißigen und intelligenten

Geschäftsmann, wenn er einigermaßen vom Glück begünstigt ist, in verhältnismäßig kurzer Zeit zu einem bedeutenden Unternehmen zu kommen; durch Zusammenschluß der Geschäftsleute des gleichen Berufes in sog. Unions, die sich beim Verkauf ihrer Waren Preise halten und weiterhin durch Bildung von den bekannten Trusts ist eine große Vereinheitlichung des Geschäftswesens in der Hand des allmächtigen Großkapitals geschaffen. Aus Gründen der Zweckmäßigkeit, die darin besteht, möglichst Betriebsspesen zu sparen, den Markt übersichtlich zu gestalten und gleichzeitig überwachen zu können, ferner in der bewußten Absicht, den Kunden schnell zu bedienen, um ihm die Möglichkeit zu nehmen, seine Kauflust durch langes Herumsuchen in verschiedenen Läden und Bureaus der Stadt durch Prüfung der verschiedenen Angebote zu verlieren, schließen sich die Industrieen derselben Produktionsart, die außerdem geschäftlich liiert sind, in einzelnen Häuserriesen zusammen und geben so eine Hauptveranlassung zur Bildung der Wolkenkratzer; wollte man diese Betriebe im Flachbau unterbringen, so müßte man ganze Straßen und Häuserblöcke zu diesem Zwecke verwenden. So gibt es z. B. Gebäude, in denen nur Eisenbahnen und Schiffahrtsgesellschaften, Bergwerksgesellschaften u. dgl. untergebracht sind, ferner solche, in denen von oben bis unten lediglich Verkaufslager verschiedener Industrien, wie Möbel, Uhren, Beleuchtungskörper, Stahlwaren, Maß- oder Konfektionsschneider, Schuster usw. sich befinden; auch praktische Ärzte und Zahnärzte schließen sich zu diesem Zwecke in eigens hierfür gebauten Gebäuden zur Ausübung der Praxis zusammen. Die Gebäude tragen sodann typische Namen, wie railroad buildg (Eisenbahnhaus), furniture buildg (Möbelhaus), tailor buildg (Schneiderhaus), jewelry buildg (Juwelierhaus) usw. Vereinheitlichung der Preise, Typisierung der Ausfertigung der Waren und der Leistungen sind hierbei grundlegende Erscheinungen.

2. Hoher Bodenpreis.

Die Folge der Konzentration des gesamten Handels und Verkehrs in einem bestimmten Stadtteile bewirkt eine gewaltige Nachfrage nach Bauland in diesen Distrikten, die Bodenpreise steigen ins Unermeßliche (bis zu 50000 Doll. pro Quadratfrontfuß) und jeder Quadratfuß bebaubares Land muß mit Gold aufgewogen werden. Die hohen Bodenpreise, die so gesteigerte Grundrente und die nicht zu vergessende Zunahme der Grundsteuern bedingen eine Zunahme der Höhe der Gebäude, um durch eine gesteigerte Rente aus den

Mieteinnahmen ungeachtet der höheren Baukosten diese Bodenpreis-
erhöhung auszugleichen. Dies wird durch eine Häufung von Etagen
verwirklicht, die der Amerikaner unbekümmert um konstruktive
Schwierigkeiten in der Gestalt der Turmbauten zum Ausdruck bringt.

3. Amerikanische Psyche.

Endlich verdanken die Wolkenkratzer ihre Entstehung der Psyche
der Amerikaner, die sich von der unseren in vielen Dingen unter-
scheidet und uns oft unverständlich erscheint. Der moderne Amerikaner besitzt einen bis zur Kühnheit gesteigerten Unternehmungs-
geist, der durch keine engherzigen Vorschriften gefesselt ist, ein aus-
gesprochenes Organisationstalent, das er mit unverbrauchter Intel-
ligenz und unermüdlichem Fleiße vereint. Die bewunderten Unter-
nehmungen haben ihren Ursprung im Wagemut des Kapitals, verbunden mit der Unerschrockenheit und Geschicklichkeit der Fach-
leute; in der Großzügigkeit der Amerikaner spiegeln sich die großen
Verhältnisse des Landes. Das Wagnis ist jedoch nicht allzugroß
(wie es anderwärts erscheinen würde), nachdem in den Vereinigten
Staaten jedes gut angelegte Werk von vornherein richtiges Verständnis
findet und des wärmsten Interesses aller beteiligten Kreise, besonders
auch der Arbeiter, sicher ist. Die Überzeugung der kulturellen Bedeutung technischer Fortschritte ist dem amerikanischen Volke so
in Fleisch und Blut übergegangen, daß alle Bestrebungen in dieser
Richtung sozusagen enthusiastisch begrüßt und vom Publikum sowohl als auch von den Behörden, werktätigst unterstützt wird. Das
ausschlaggebende Prinzip bei den größten amerikanischen Unter-
nehmungen ist, den richtigen Mann an die richtige Stelle zu setzen,
denselben innerhalb seines Wirkungskreises die weitgehendste Selb-
ständigkeit zu sichern und keine überflüssigen Zwischenstellen zu
dulden; besonders schaltet beim Amerikaner die bei uns allseits üb-
liche vernichtende und unproduktive Kritik, die angetan ist, eher
zu zerstören als aufzubauen, völlig aus.

III. ABSCHNITT.

Was ermöglichte den Turmbau?

1. Die moderne Technik.

Neben diesen äußeren Anlässen, die in der Psyche, dem Geschäftsgebahren der Amerikaner und seiner kapitalistisch konzentrierten Volkswirtschaft zu finden sind, ist der Ausbau unserer modernen Technik für den Wolkenkratzerbau von ausschlaggebender Bedeutung. Amerika hat es verstanden, sich die großen europäischen Erfindungen zu eigen zu machen, auszubauen, zu verbessern und seinen veränderten Verhältnissen anzupassen. Ferner hat es aus Europa, und zwar zum größten Teile aus Deutschland einen Teil der besten Ingenieure, Techniker und Facharbeiter durch Ausbieten hoher Gehälter unter bewußter Berücksichtigung der amerikanischen Geldentwertung, die diese Leute im allgemeinen nicht kannten, nach den Vereinigten Staaten kommen lassen und diesen Leuten freies Spiel bei der Durcharbeitung ihrer Ideen gegeben. Der Bau der Gebäuderiesen selbst setzte gewisse feuersichere Baumaterialien, wie Beton, Eisenbeton, Hohlsteine usw. voraus, ferner die Herstellung des das Gerippe des Gebäudes bildenden Stahls nach dem Bessemer Verfahren, dann alle Erfindungen auf dem Gebiete des Stark- und Schwachstroms, der Dampfkraft, Preßluft, der sanitären Anlagen und schließlich die umfangreichen Maßnahmen, die für die Feuersicherheit und den Feuerschutz der Turmbauten von äußerster Wichtigkeit sind. Besondere Erwähnung verdient der moderne Personenaufzug, der in den Vereinigten Staaten eine außergewöhnliche Durchbildung im Hinblick auf Leistungsfähigkeit und Sicherheit erfahren hat; mit der großzügig angelegten Aufzugsanlage steht und fällt der Wolkenkratzer. Der Bau der Gebäude selbst bedingt einen fabrikmäßigen Großbetrieb der Bauunternehmung, der in Verwendung von Baumaschinen, wie Krane, Bagger, Preßluftmaschinen, schnelle Aufzüge, Baumaterialtransportmaschinen, Feldbahnen, hängende Gerüste usw. besteht.

2. Amerikanische Behörden, Bauordnung.

Die amerikanischen Behörden ermöglichen durch eine großzügige Bauordnung, schnelle Arbeitsweise bei Erledigung und Genehmigung besonderer Konstruktionen, den raschen Beginn und eine wirtschaftliche Möglichkeit der Bauten; die baupolizeilichen Vorschriften zum Schutze der Arbeiterschaft appellieren mehr an die Vorsicht der Arbeiter, als an den Geldbeutel der bauausführenden Firmen mit dem Erfolge, daß Bauunfälle zu den Seltenheiten gehören.

IV. ABSCHNITT.

Finanzierung.

Als Geldgeber kommen, wie bei uns, Banken und Private in Betracht, wobei oftmals die Architektenfirma oder der Bauunternehmer sich an der Schaffung des Baukredites beteiligen. Den kaufmännischen Teil der Finanzierung leitet entweder die Architektenfirma, eine Bank oder eine Privatperson. Die Architektenfirma gewinnt eine Reihe privater Baukapitalisten zur Teilnahme am Unternehmen und springt selbst gewöhnlich mit einer größeren Summe bei; Sicherung der Baugelder geschieht durch Hypotheken. Die häufigste Form der Finanzierung ist die durch eine Bank, die das zu bauende Objekt mit 60—70% der Bau- und Bauplatzsumme beleiht, während das restierende Drittel vom Bauherrn selbst aufgebracht werden muß (siehe Anlage Nr. 1).

Eine weitere Art der Finanzierung, die man bei uns nicht oder nicht genau in dieser Form kennt, geschieht durch Privatpersonen bzw. juristischen Personen (sog. mortgage und bond Co.'s, d. h. Hypotheken- und Anleihengesellschaften). Nach Aufstellung des Rentabilitätsplanes für das fragliche Objekt wird einige Zeit vor Baubeginn in Form von Plakaten, Zeitungsannoncen und Prospekten Reklame für das Objekt gemacht und Kleinaktien in Höhe von z. B. 100, 500, 1000 Doll. gegen vierteljährliche Verzinsung und rückzahlbar bis zu einem bestimmten Termin zum Verkauf ausgegeben. Diese Schuldverschreibungen finden im allgemeinen wegen ihrer hohen Verzinsung trotz des Risikos reißenden Abgang; der Bauherr hat innerhalb einer bestimmten Zeit diese Schuldverschreibungen zu valutieren. Diese Aktien sind gegen Feuer, Unfall u. dgl. bei Versicherungsgesellschaften rückversichert (siehe Anlage Nr. 2 und 3).

V. ABSCHNITT.

Baugewerbe, Architekt, Arbeiterschaft, Löhne.

Entgegen europäischen, besonders deutschen Verhältnissen, besteht in den Vereinigten Staaten eine strikte Trennung zwischen Architekt und Unternehmer (contractor). Unter den Unternehmern gibt es sog. general-contractors, die den Bau pauschal übernehmen und in steter Fühlungnahme mit den Architekten die Arbeiten an Unterakkordanten vergeben (z. B. Thompson-Starret Co., der größte Bauunternehmer der Vereinigten Staaten). Die Unternehmer sind gegenseitig in sog. Unions zusammengeschlossen (Art Innung) zum Zwecke gemeinschaftlicher Regelung der Preise und Löhne. Der Kontraktor muß für seine Arbeiten Sicherheit leisten; die Unterkontraktoren stellen dem Generalkontraktor Kaution und dieser wieder dem Bauherrn. Die Unternehmer ihrerseits übertragen die Stellung der Kaution an eigene Versicherungsgesellschaften (bond Co.'s), die für den vollen Betrag der Arbeit Sicherheit leisten, falls der Unternehmer in Konkurs gerät oder Schaden durch Feuer u. dgl. eintritt; für diese Sicherheitsleistung zahlt der Unternehmer seinerseits gewisse Prämien an die Versicherungsgesellschaften.

Die Tätigkeit des Architekten erstreckt sich auf die Ausfertigung der Pläne, der statischen Berechnung, der Kosten- und Rentabilitätsaufstellung. Die Pläne werden auf Grund der städtischen Bauordnung ausgefertigt und vom Unternehmer der Baupolizei (building departement) unterbreitet. Die Arbeiten werden im Einverständnis mit dem Bauherrn unmittelbar oder in Konkurrenz an die Unternehmer vergeben; Bauleitung ruht stets in der Hand des Architekten oder eines vom Bauherrn eigens aufgestellten Vertrauensmannes. Die Architektenbureaus, d. h. die großen, fertigen nicht nur Pläne für den Roh- und Ausbau, sondern befassen sich auch mit der Erstellung der Pläne für alle maschinellen, Rohr- einschließlich Aufzugsanlagen u. dgl. und beschäftigen somit oft bis zu 100 und über 100 Techniker aller Art. Man sieht hier wiederum das Konzentrationsprinzip der Amerikaner zum Ausdruck gebracht.

Die Arbeiter sind ebenfalls in Unions zusammengefaßt, entsprechend unseren Gewerkschaftsorganisationen; die Löhne, welche

2*

noch anno 1914 bezahlt wurden, entsprachen in der Höhe ungefähr
den zu jener Zeit bei uns ausgezahlten, nur in Cents, z. B.:

Maurer	75 Cts. pro Stunde,	
Zimmermann	72 » » »	
Gipser	80 » » »	
Taglöhner	38—45 Cts. pro Stunde,	
Vorarbeiter und Polierer	90—100 » » »	

Arbeitszeit: 8 Stunden von 8 Uhr morgens bis $1/_2$5 Uhr abends,
mit einer Mittagspause von 12 Uhr bis 12 Uhr 30 Min.

VI. ABSCHNITT.

Beschreibung des Baues eines Wolkenkratzers unter Heranziehung eines Spezialfalles, die „Continental, Commercial, National-Bank Chicago".

(Die bildliche Darstellung der baulichen Entwicklung dieser Bank
ist am Schlusse der Abhandlung angefügt. Siehe Anlage Nr. 4.)

Der Bau des Wolkenkratzers ist sowohl, was Zeichnung und
Konstruktion, als was Ausführung betrifft, außerordentlich typisiert,
um die Planungs- und Konstruktionskosten auf ein Minimum herabzu-
setzen. Ich hatte während meines zweijährigen Aufenthalts in den
V. St. Gelegenheit, den Bau genannter Bank vom Abbruch der alten
Gebäude bis zur Fertigstellung des Neubaues zu verfolgen und selbst
an der Ausfertigung der Pläne mitzuarbeiten. Der Neubau wurde
im Herbst 1912 begonnen und im April 1914 betriebsfertig übergeben.
Das Gebäude hat 22 Etagen und 3 Kellergeschosse; Höhe 206 Fuß
(entsprechend der Vorschrift der Chicagoer Bauordnung von 1912).
Die Pläne wurden von der Firma D. H. Burnham Co., der größten
Architektenfirma der Ver. Staaten erstellt, die durch die Erfindung
und Durchbildung des modernen Skeletonsystems den Bau der modernen Gebäuderiesen ermöglichte. Bis zum Jahre 1903 wurden die
Hochbauten in den Ver. Staaten, wie bei uns durch Mauerverstärkung,
von oben nach unten erstellt; die Folge hierbei war, daß Bauten nur
höchstens 12 Etagen hoch gebaut werden konnten; schon in diesem
Falle ergaben sich im Parterregeschoß Mauer- und Säulenstärken in

der Dicke von 1,40—1,60 m, was eine bedeutende Einschränkung des vermietbaren Raumes in den unteren Etagen bedeutete und deren Rentabilität in hohem Maße in Frage stellte. Erst die Erfindung Burnhams und seines Ingenieurs Root bahnten dem Wolkenkratzer den Weg bis zu 50 und 60 Etagen ohne irgendwelche Gefahr des Einstürzens. Die Mauerstärken sanken rund auf die Hälfte der alten Maße herab. Bekanntlich haben die Turmbauten in San Franzisko

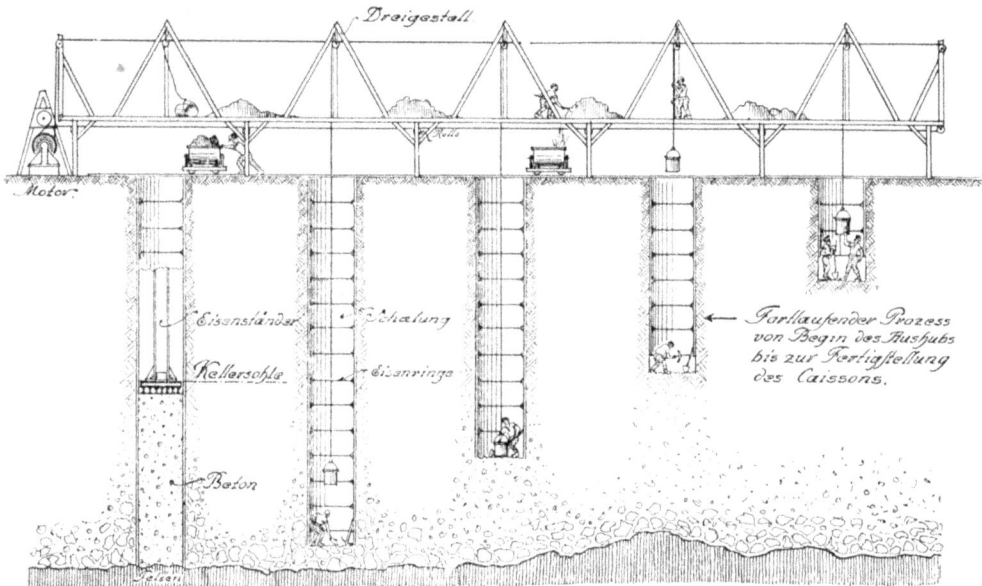

Abb. 6. Caisson-Herstellung. (Ohne Maßstab.)

bei dem seinerzeitigen Erdbeben und Brand das Naturereignis erfolgreich überstanden, während die übrigen Bauten größtenteils zusammenstürzten.

Nach Abbruch der alten Gebäude und Aushub der Baugrube wird, wie bei uns, das Schnurgerüst ausgelegt und die Lage der Caissons festgesetzt. Während in Städten wie New-York, in denen der Felsen bis fast in Höhe des Straßenniveaus reicht, die Säulen ohne weiteres auf den Felsen aufgesetzt werden (zulässige Druckbeanspruchung des Felsens 25—100 kg/cm²),[i] muß in Städten mit weichem, lehmigem Grund zur Anlage von sog. Caissons geschritten werden, d. s. zylindrische Betonsäulen, die 1—2 m im Durchmesser sind und bis zum natürlichen Felsen herabreichen — in Chicago liegt derselbe rund

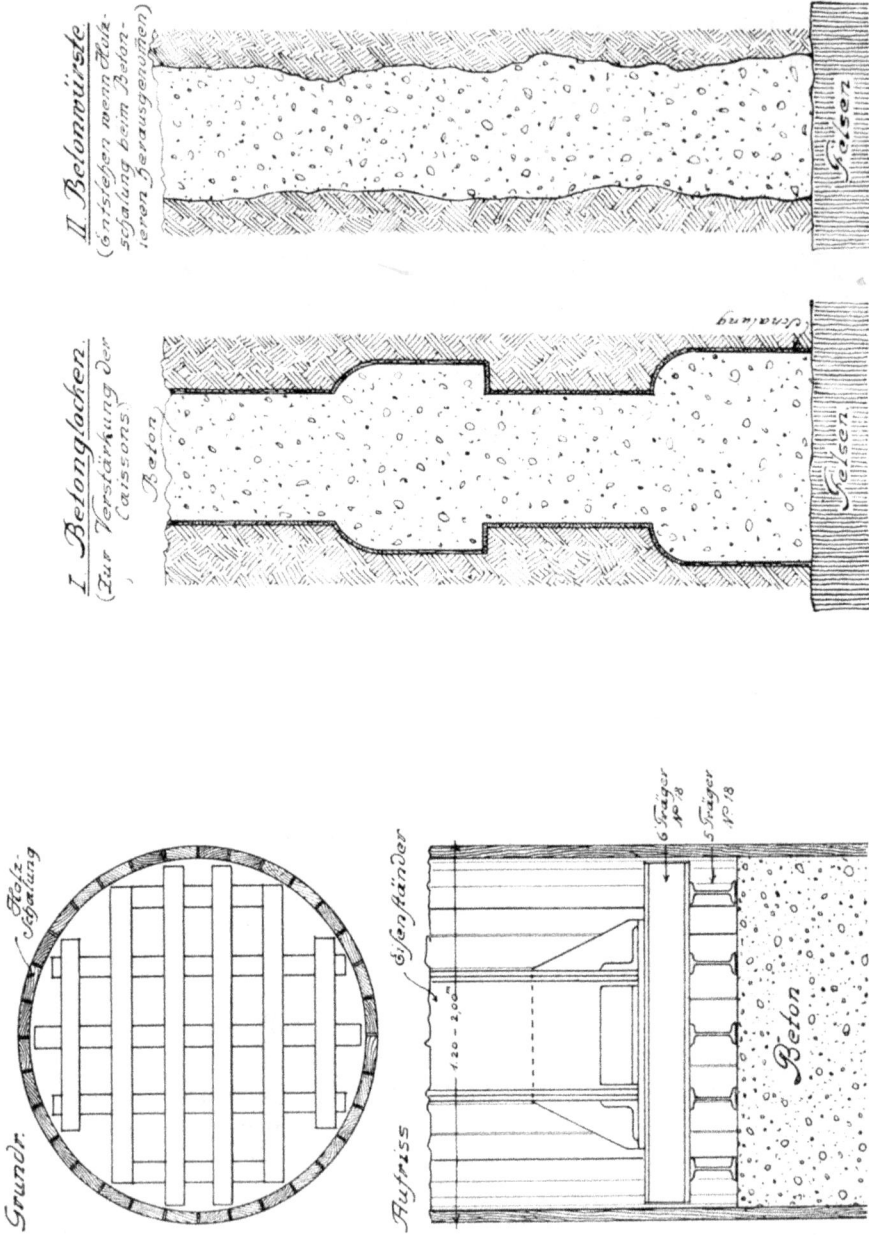

Abb. 8. (Ohne Maßstab.)

Abb. 7. Auflager (Trägerrost) der
Eisensäulen auf den Caissons.
(Ohne Maßstab.)

40 m unter dem Straßenniveau. Gewöhnlich werden die Caissons durch brunnenartiges Ausschachten, kreisförmiges Einbringen von 3 cm starken Schalungsbrettern erstellt, die durch Einsetzen von Eisenreifen versteift werden (s. Abb. 6, 7, 8). Ist der rd. 30 m tiefe Caissonschacht bis zum Felsen ausgehoben, so wird er mit Beton bis zur Kellersohle ausgefüllt und ein Trägerrost als Unterlage der

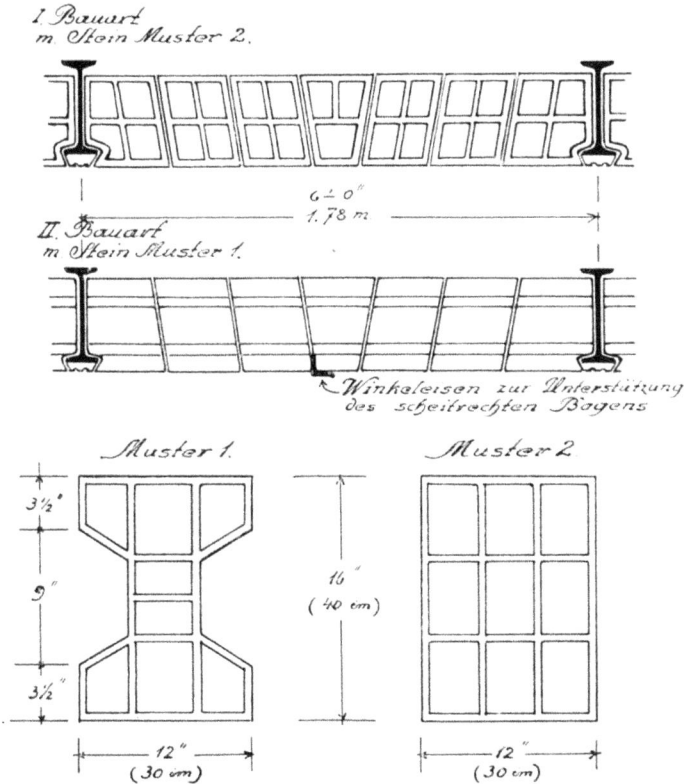

Abb. 9. Hohlsteindecken. (Ohne Maßstab.)

darauf zu stellenden Eisensäulen gebildet. Im Falle großer Höhe des Grundwassers wird zu der sehr kostspieligen Druckluftgründung gegriffen. Die Cont. Comm. Bank besteht aus drei Kellergeschossen, von denen das dritte (sub-sub basement) für den Einbau einer Dampfkesselanlage mit sechs Kesseln geplant ist (s. Anlage 4, Abb. 27). Die Fertigstellung der umfangreichen Caissonarbeiten war im November 1912 beendet, und noch während man daran arbeitete, wurde am anderen Ende des Baues bereits mit der Aufstellung des Eisengerüstes begonnen, die durch sechs große Derickhkranen bewältigt wurde. Das gesamte Stahlgerüst des Gebäudes war vorher in den Werkstätten der U. St. steel works in Gary fertiggestellt worden und mußte an Ort und Stelle lediglich aufgestellt und montiert werden. Während des Aufbaues der Stahlkonstruktion wurde gleichzeitig der

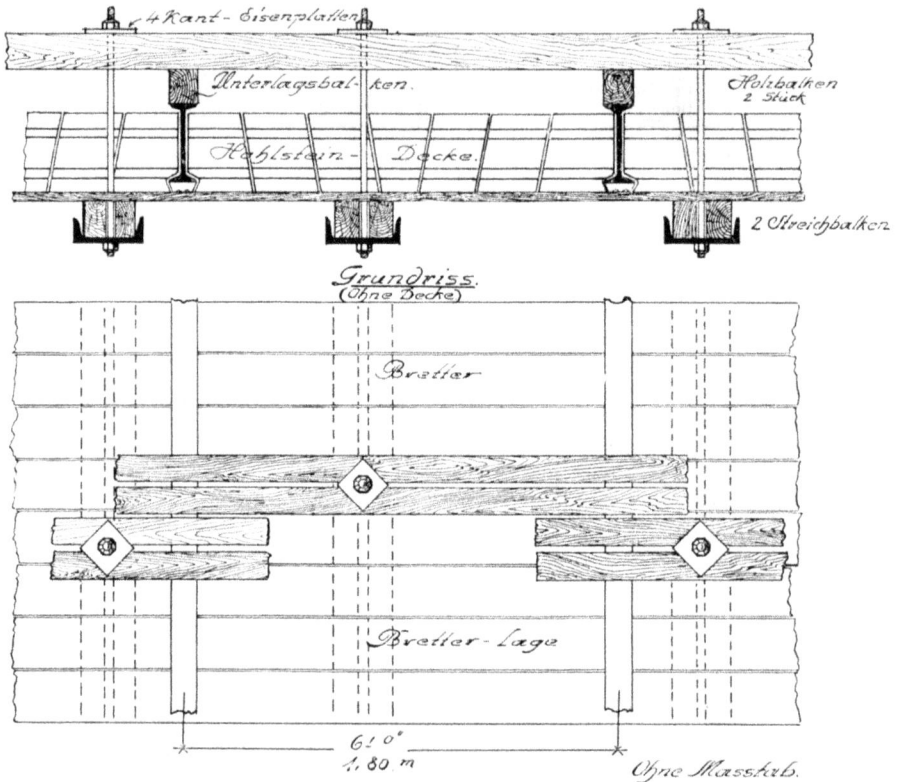

Abb. 10.   Schalung für Hohlsteindecken.

Einbau der Hohlsteindecken (Zwischendecken) (s. Abb. 9, 10), Anlage der Rohrleitungen, Bau der Stiegen und Aufzüge in die Höhe getrieben. Als im März 1913 das Stahlgerüst bis zum 15. Stockwerk fertiggestellt war, begann man im achten auf fliegenden Gerüsten mit der Ummantelung des Eisengerüstes mit Terrakotta-Verblenderziegeln (s. Abb. 11, 12), während die inneren und äußeren Säulen mit einer 3 cm starken Betonschicht umgeben und mit Backsteinen hintermauert wurden (s. Abb. 13, 14). Im August 1913 war bereits

Abb. 11. Ausmauern der Eisenkonstruktion mit Terracottaziegeln.

Abb. 12. Hintermauerung der Terracottaziegel
mit Backsteinen.

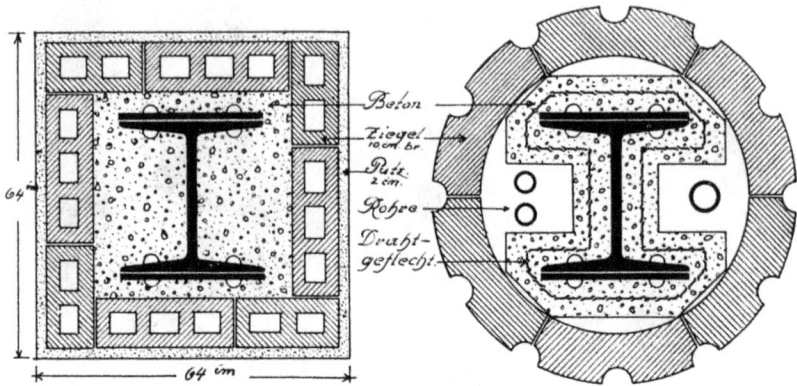

Abb. 13.   Säulenbildung.   (Ohne Maßstab.)

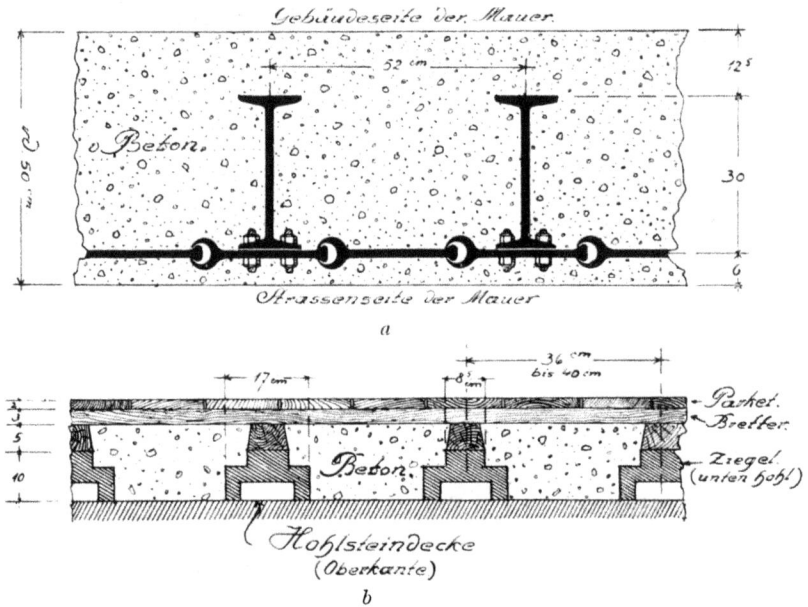

a

b

Abb. 14. *a* Betonaußenmauer im Keller mit eisernen Spundwänden.
b Deckenbelag. (Ohne Maßstab.)

das Gebäude fertig aufgestellt und feuersicher in Form der Architektur ummantelt; gleichzeitig mit der Ausmauerung des Stahl-
gerüstes wurden die Fenster- und Türstöcke gesetzt und die Zwischen-
wände in den einzelnen Etagen eingezogen.   Im Monat September
waren bereits sämtliche Aufzüge (16 Stück) betriebsfertig montiert,
die Stark- und Schwachstromanlage und das übrige Röhrensystem

für Wasser und Dampf gebrauchsfähig. In dieser Zeit waren im
Keller die maschinellen Anlagen eingebaut und auf dem Dache die
Wasserreservoire, Aufzugsmaschinen u. dgl. aufgestellt worden.

Im Dezember des Jahres 1913 wurden die Dampfkessel und
Pumpen in Betrieb gesetzt und eigene Kraft und Licht erzeugt.
Die noch folgende Zeit bis zum März 1914 wurde zum Einbau des
Marmors in den Hallen und Gängen verwandt (alle Gänge sind bis
zur obersten Etage mit Marmor vertäfelt und ebenfalls die Gang-
böden mit Marmorfließen belegt), schließlich dem Gebäude durch
Einbringen von Möbel, Beschlägen, Beleuchtungskörper aller Art
ein übergabsfähiger Charakter verliehen. In den ersten Tagen des
April wurde das Gebäude feierlich seinen Inwohnern und der Öffent-
lichkeit überlassen. Die Cont. Comm. Bank Chicagos ist eines der
größten Bankinstitute der Ver. Staaten, in Hinblick auf Beamtenzahl
die größte Bank des Landes; sie nimmt auch weitaus den größten Teil
des genannten Gebäudes für ihre Zwecke in Anspruch. Baukosten
waren rd. $6^1/_2$ Mill. Doll. (26 Mill. Mk.), Grundstückskosten $3^1/_2$ Mill.
Doll. (14 Mill. Mk.); der Kubikfuß überbauter Raum bemaß sich auf
40 Cts. (1.60 Mk.), was nach unseren damaligen Verhältnissen einem
Kubikmeterpreis von rd. 48.— Mk. gleichkommen würde.

VII. ABSCHNITT.

Stilart der Turmbauten.

Die bei den Turmbauten am meisten verwandten Baustile sind
die Gotik und Renaissance; eine Reihe derselben sind keiner Stilart
einzugliedern und erinnern trotz der gewaltigen Dimensionen an
Backwerk des Konditors. Die Gebäude lassen durchgehend, wie
bei uns, eine Dreigliederung nach Form einer Säule in Basis, Schaft
und Kapitel klar erkennen. Der Einfluß der etwas süßlichen, französischen Architektur ist allerorts zu sehen, jedoch ist gerade in
letzter Zeit der Einfluß der deutschen Architektur, die entgegen
der französischen auf geschlossene, einfache Massenwirkung abzielt,
stark bemerkbar. Zweifellos ist die Gotik für den Turmbau die
geeignetste Stilart; die besten Stücke in gotischem Stil sind von
deutschen Architekten oder solchen. die an deutschen Hochschulen
studiert haben, entworfen worden. Ich nenne als Beispiel den
höchsten Wolkenkratzer der Welt, das Woolworthgebäude mit seinen
56 Stockwerken des Architekten Gilbert in New York. Beim Innen-

ausbau kopiert der Amerikaner mit großer Vorliebe die Antike und
die Vorhallen und Eingänge der Gebäuderiesen, die mit echten
Materialien, wie Marmor. Gold, Bronze usw. feenhafte Ausstattung
erhalten. sind nach Muster griechischer und römischer Atrien, Termen
und Tempel angelegt.

VIII. ABSCHNITT.

Welche Einrichtungen machen den Turmbau wohnlich, rentabel und ungefährlich?

Um den Wolkenkratzer wohnlich, rentabel und ungefährlich
zu machen, sind eine Reihe von Einrichtungen der Zweckmäßigkeit,
der Hygiene und Feuersicherheit nötig gewesen, die das Leben in diesen
Gebäuden begehrenswert gegenüber kleinen Häusern gestalten sollen;
diese Aufgabe haben die Amerikaner mit großem Geschick gelöst.
Verschiedene Vorteile zeigen sich bereits in der Anlage der
Grundrisse. Gewöhnlich sind im dritten Kellergeschoß Dampfkessel,
Dynamos und Pumpen eingebaut, die das Gebäude mit Licht und
Kraft versorgen und auf diese Weise unabhängig von den städtischen
Anlagen machen; die Pumpen schaffen Trink-, Warm- und Feuer-
löschwasser in große eiserne Behälter im Dachgeschoß, von wo aus
die gesamte Verteilung stattfindet. Im zweiten und ersten Keller
befinden sich Lager- und Versandräume; diese sind in verschiedenen
Städten wie Chicago und New-York mit einer elektrisch betriebenen
Untergrundbahn für Frachtgutbeförderung in Verbindung, welche
die Pakete u. dgl. ohne weiteres zu den Postämtern und Bahn-
höfen befördert. Ebenso ist oftmals eine Rohrpoststation dortselbst
eingebaut. Im Parterregeschoß befindet sich in allen größeren
Häusern unter anderem eine eigene staatliche Post und Telegra-
phenstation, eine Gaststätte (Lunchroom) und ein Barraum (letz-
terer findet bei den Amerikanern den ganzen Tag über regen Zu-
spruch); außerdem sind eine Reihe von Verkaufläden mit Eingang
von der Straße und von der großen Eingangshalle aus angelegt.
Die Gebäude haben gewöhnlich große Vestibüle, die den Charakter
einer Bankhalle haben uud größeren Verkehr ermöglichen. Ungefähr
auf halber Höhe des Gebäudes (z. B., bei einem 20 stöckigen Haus
der 9. Stock) ist eine ganze Etage für Toiletteanlagen beiderlei
Geschlechts eingerichtet. Außerdem sind in dieser Etage große

Barbier-, Frisier- und Manikuresalons und teilweise Bäder für Damen und Herren vorgesehen. Die übrigen Etagen sind gewöhnlich für Bureaus bestimmt; diese sind mit Telephonen gesegnet und fast jedermann hat an seinem Arbeitstisch einen Apparat stehen, der ihn bei Aushängen des Hörrohres ohne weiteres mit dem Amt verbindet. Der Anruf einer bestimmten Nummer, in Chicago z. B.: IIII gibt jederzeit ohne weiteres Angabe der genauen Zeit, die durch einen Grammophon erfolgt. (Der Apparat sagt z. B. dreimal hintereinander: es ist 10 Uhr 35 Min., dann schaltet sich die Verbindung automatisch aus).

Durch alle Etagen geht in vertikaler Richtung der Vorplätze der Aufzüge eine Briefpostrinne, (mail chute), in die man die anfallende Post werfen kann, die im Parterregeschoß sammelt; durch diese Maßnahme wird den Hausinwohnern ein Weg zum Briefkasten oder zur Post außerhalb des Hauses erspart. Ferner findet man in den meisten Büreaus einen Dosenapparat mit Schalthebel; eine Umdrehung genügt, um in einem benachbarten Boteninstitut Name des Gebäudes und Bureaunummer aufzuzeigen; der Meßangerboy ist in kurzem zur Stelle. Der Betrieb der Aufzüge, deren oftmals 10—20 und mehr in einem Turmbau existieren, wird durch einen sog. Starter geleitet, der den Fahrgästen Auskunft erteilt und Abfahrt der einzelnen Aufzüge mit Kastagnettenzeichen anordnet. Im Parterregeschoß ist entweder für sämtliche Aufzüge eine Schalttafel mit den Aufzugs- und Etagenummern mit automatisch wandernden Lichtern oder bei jedem Aufzug eine Uhr mit Stockwerksnummern und dazu gehörigen Zeigern angebracht, aus denen der jeweilige Standpunkt des Aufzugs ersichtlich ist. (Siehe Abb. 15). In den einzelnen Etagen deutet jeweils ein rotes Licht in einer Kugellampe über der Eingangstüre zum Aufzug einen aufwärtsgehenden, ein weißes einen abwärtsfahrenden Aufzug den wartenden Passanten an; die Lampen schalten sich automatisch bei Herannahen der Kabine ein und bei deren Weggehen aus. In allen Etagen ist zu jeder Tageszeit kaltes und warmes Wasser und das bei den Amerikanern so hoch beliebte Eiswasser am Brunnen erhältlich. Die Ventilationsanlagen sind umfangreich und treten besonders in den tropischen Sommern in Tätigkeit. Dampfheiznng ist selten, Warmwasserheizung am häufigsten; Entstäubungsanlagen sind in allen Etagen vorhanden. Schließlich findet man in den Wolkenkratzern Ärztezimmer, in denen Kranken und Verunglückten die erste Hilfe erteilt werden kann. Besondere Maßnahmen werden bei den Turm-

Beweglicher Zeiger

Etagen №

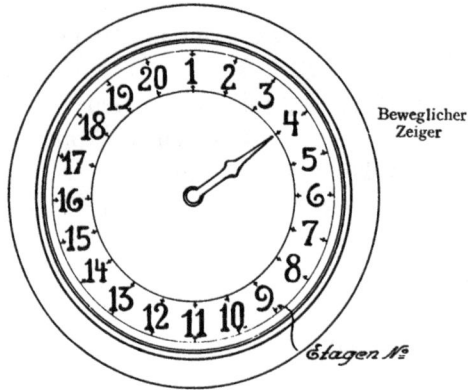

Aufzugs-Tafel.

Aufzug №

	I	II	III	IV	V	VI	VII	VIII	IX	X
1.	O	●	O	O	O	O	O	O	O	O
2.	O	O	O	O	O	O	●	O	O	O
3.	O	O	O	O	O	O	O	O	O	O
4.	●	O	O	O	O	O	O	O	O	O
5.	O	O	O	O	O	O	O	O	O	O
6.	O	O	O	O	O	O	O	●	O	O
7.	O	O	O	O	O	O	O	O	O	O
8.	O	O	●	O	O	O	O	O	O	O
9.	O	O	O	O	O	O	O	O	O	O
10.	O	O	O	●	O	O	O	O	O	O
11.	O	O	O	O	O	O	O	O	O	O
12.	O	O	O	O	O	O	O	O	●	O
13.	O	O	O	O	O	O	O	O	O	O
14.	O	O	O	O	O	O	O	O	O	O
15.	O	O	O	O	O	O	O	O	O	O
16.	O	O	O	O	●	O	O	O	O	O
17.	O	O	O	O	O	O	O	O	O	O
18.	O	O	O	O	O	O	O	O	O	O
19.	O	O	O	O	O	●	O	O	O	O
20.	O	O	O	O	O	O	O	O	●	O

Etage.

Abb. 15. Aufzugsuhr und Aufzugstafel.
(Ohne Maßstab.)
Die schraffierten Kreise deuten rote Lichter an, die den jeweiligen
Stand der Aufzüge bezeichnen.

bauten im Hinblick auf Feuersicherheit geschaffen. In jedem Stockwerk ist ein Feuerhydrant mit Schlauchanschluß. Neben den zahl-
reichen Aufzügen, deren Führer angewiesen sind, im Falle eines

Brandes bis zum Eintritt höchster Gefahr zu fahren, sind eine Reihe von Stiegenhäusern mit geringer Breite (rund 1,20 m bis 1,30 m) angeordnet; außerdem sind an den Außenseiten der Gebäude sog. fire-escapes, das sind eiserne Stiegen angebracht, die im Falle eines Brandes von den flüchtenden Inwohnern benützt werden, wenn die Stiegen und Aufzüge wegen Rauch unbenützbar geworden sind. In den einzelnen Etagen sind Anschläge, die den Weg hierzu mit roten Lichtern u. dgl. bezeichnen. Von großer Bedeutung für Lokalisierung eines Brandes sind in den Etagen eigens eingebaute feuersichere Schoten, das sind Türen, die sich im Falle eines Feuers durch Schmelzen der sichernden Bleibomben selbständig schließen und so den Brand lokalisieren. Einige Häuser haben sog. Feuertürme eingebaut, das sind Türme mit loggienartigen Öffnungen in der Außenseite des Gebäudes, in denen eiserne Stiegen liegen. Der Rauch kann durch die Tür und Fenster des brennenden Raumes in den Feuerturm und von da durch die Turmöffnungen ohne weiteres ins Freie; die Flüchtenden laufen dabei nicht Gefahr des Erstickens im Rauche, wie es in einem geschlossenen Stiegenhause sein würde. Berühmtheit erlangte endlich das in den Vereinigten Staaten viel verwandte Sprinkling-System (Regenapparat), das in schlangenförmigen Röhren die Zimmer- und Saaldecken durchzieht; bei Durchschmelzen der Bleibomben setzt sich der Regenapparat im brennenden Raume selbständig in Tätigkeit. Gespeist werden diese Rohre durch ein Wasserreservoir, das im Dachgeschoß eingebaut ist und rd. 100 m³ Wasser enthält. Außerdem bringen die Amerikaner an der Außenseite der Fenster eiserne Rolläden an, die durch Bleiblomben gesichert sind und die sich im Falle eines Brandes in der Nachbarschaft selbsttätig nach Durchbrennen der Sicherung schließen, und so das Eindringen des Feuers von außen in das Gebäudeinnere verhindern.

Für die Reinigung der Turmbauten, die allabendlich nach Büreauschluß geschieht, steht eine Anzahl von Hausmeistern (sog. janitors zur Verfügung, ferner für die Instandhaltung des Gebäudes eine Reihe ständig angestellter Facharbeiter wie: Schlosser, Monteure, Maurer, Zimmerer, Schreiner, Maler usw., die das ganze Jahr vollauf beschäftigt sind. Ihre Leitung und Oberaufsicht sind einem Hausverwalter (manager) übertragen, der ein eigenes Büreau im Gebäude hat und dessen Verwaltung besorgt.

Die Angestellten in einem Gebäude genannter Art mit rund 20 Stockwerken belaufen sich auf über 100 Mann.

IX. ABSCHNITT.

Rentabilität.

a) Allgemeines.

Schon allein die Tatsache, daß der Amerikaner ein anerkannt tüchtiger Geschäftsmann ist und trotz langjähriger Erfahrung nicht vom Bau der Wolkenkratzer abgekommen ist, spricht dafür, daß die Rentabilität dieser Häuser verbürgt ist. Daß jedoch eine bessere und schlechtere Rentabilität von verschiedenen Umständen abhängig ist, unterliegt keinem Zweifel. Der Amerikaner berechnet die Rentabilität seiner Häuser ähnlich, wie wir; er bedient sich dabei gewöhnlich einer Formel, um den Mindestbetrag der Rente pro Quadratfuß im Jahr festzulegen, der das angelegte Baukapital zu 4% verzinsen muß.

$$A = \frac{10\,000 \cdot V \cdot i/_r}{f \cdot n \cdot p},$$

wobei:

V = Bauplatzwert pro Quadratfuß,

i = Zinsfuß der Kapitalsanlage,

r = Verhältnis von Netto- zu Bruttorente,

n = % der Rentenfläche zur Gesamtetagenfläche,

p = überbauter Raum in %,

f = Etagenzahl,

A = erforderliche Nettorente per Quadratfuß in Dollars.

Zahlenbeispiel:

V = 150 Doll. pro Quadratfuß (Fall a), 100 Doll. (Fall b),

i = 4% r = 45% der Nettorente,

n = Rentenfläche 70%,

p = 90% f = 15 Etagen.

$$A\,a = \frac{10\,000 \cdot 150 \cdot {}^4/_{45}}{15 \cdot 70 \cdot 90} = 1{,}40 \text{ Doll.}$$

$$A\,b = \frac{10\,000 \cdot 100 \cdot {}^4/_{45}}{15 \cdot 70 \cdot 90} = 0{,}94 \text{ Doll.}$$

Daraus ist ersichtlich, daß, je teurer der Bauplatz ist, desto größer die Nettorente sich gestalten muß. Die Bruttorente der Turmbauten beläuft sich im allgemeinen auf 4—5 Doll. pro Quadratfuß in den oberen Etagen, während die unteren und die Lichthofräume nur ein bis 2 Doll. pro Quadratfuß abwerfen. Aus der Praxis ist mir bekannt, daß der Amerikaner die Wolkenkratzer so veranschlagt, daß sich das Gebäude zu 10% rein netto verzinst, also sich in 10 Jahren völlig amortisiert. 20 Jahre ökonomische Lebensdauer gibt man dem Gebäude, so daß also mindestens 10 Jahre lang das nunmehr schuldenfreie Objekt einen erheblichen Gewinn abwirft und gleichzeitig die Mittel für einen Neubau liefert.

Wesentlich und nachteilhaft kann die Rentabilität durch zu kostspielige Fassaden, durch allzureiche Innenausstattung, durch mangelhafte Grundrißlösung und zu kostspielige maschinelle Anlagen beeinflußt werden. Der amerikanische Architekt paralysiert dies dadurch, daß ein neues Projekt in jeglicher Beziehung an bereits ausgeführte, gut rentierliche angepaßt wird. Die Rentabilität bei Bureau- und Geschäftshäusern ist außerdem regelmäßiger als bei Hotels und Privathäusern.

b) Entwertung der Turmbauten.

Zwei Arten der Entwertung eines Turmbaues kennt der Amerikaner: 1. die physische oder materielle,
2. die ökonomische oder ideelle.

1. Die Folge der umfangreichen Maßnahmen für das sanitäre und sonstige Wohlbefinden der Inwohner bedingt die Anlage eines komplizierten und ausgedehnten Röhrensystems und die einer kostspieligen maschinellen Anlage, die zusammen rund 21% der Gesamtbaukosten ausmachen; die Kosten für die gesamten technischen Anlagen zerlegen sich in rund 60% für Rohr- und 40% für Maschinenanlagen.

Welch gewaltige Rohrmenge in einem Turmbau zur Anwendung gelangt, zeigt nachfolgendes Beispiel, das die in einem 20 stöckigen Hotel eingebauten Röhrensysteme in km wiedergibt:

Für Klossettanlage . . .	15,81	engl. Meilen	25,2	km
Wasserleitung	44,01	» »	70,4 .	»
Feuerleitung	2,11	» »	3,38	»
Gasleitung	37,30	» »	57,70	»
Aufzüge.	1,99	» »	3,2	»
Dampfrohre	18,56	» »	29,70	»
Kühlanlage	3,35	» »	5,36	»
Entstaubung	1,07	» »	1,70	»
Elektrische Anlagen. . .	39,28	» »	62,85	»
Glockenanlage	5,43	» »	8,69	»
Rauchrohre	4,61	» »	7,38	»

Gesamtlänge: 173,57 engl. Meilen 275,56 km
Eine englische Meile ist: 1600 m gerechnet.

Die Verschiedenheit der zur Anwendung kommenden Baumaterialien, deren divergente physikalische ′ und chemische Eigen-
schaften in Vergleich mit der geschlossenen Einheitlichkeit unserer
Bauweise, ferner die große Elastizität der im wesentlichen aus dem
Stahlgerüste bestehenden Gebäuderiesen, die dem Sturm und den
Witterungseinflüssen breite Angriffsflächen bieten, schließlich der
Temperaturunterschied von rund 40^0 C (im Winter: Außentempe-
ratur — 20^0, Innentemperatur $+ 20^0$ gerechnet), geben die Erklärung
dafür, daß nach einer Reihe von Jahren die organische Geschlossenheit
der Gebäude Schaden leidet und diese instandsetzungsbedürftig werden.
Der Amerikaner zieht sehr richtig als weiteren Grund für phys. Entwertung den verschiedenen Grad der Ausdehnung verschiedener Materialien wie Stahl, Eisen, Kupfer, Terrakotta u. dgl. heran, die bei den
großen Temperaturunterschieden Abscheren der Nieten, Abbröckeln
und Rissebildung der isolierenden Mauerschichten bewirken müssen.
Rissebildung in der Fassade, Wärmedurchlässigkeit, Einsturzgefahren
an einzelnen Teilen des Gebäudes treten in greifbare Nähe.

2. Gleichen Schritt mit der materiellen hält die ökonomische
Entwertung der Turmbauten, die dadurch ausgedrückt wird, daß in
10—20 Jahren zahlreiche Neuerungen und Besserungen auf allen
Gebieten der Technik zur Anwendung kommen, die das Wohnen
in einem modernen Bau begehrter machen, ein Umstand, der wiederum
der Psyche des amerikanischen Volkes, allen Neuerungen zuzueilen,
entspricht. So kommt es, daß nach einer Reihe von Jahren (im
allgemeinen 20) die Nachfrage nach Bureaus in den veralteten Häusern
abnimmt und auch die Reduktion der Mietpreise keinen wesentlichen
Erfolg zeigt. Das Gebäude wird dann abgerissen, um durch ein neues
mit den Errungenschaften der allerletzten Zeit ersetzt zu werden. Ein-
heitliche und historische Städtebilder sind auf diese Weise in der
neuen Welt ein Ding der Unmöglichkeit. Beim Amerikaner schlägt
die rastlose Verfolgung des praktischen Vorteils jeglichen Sinn für
Schönheit und Kultur.

c) Erhöhung der Lebensdauer und Rentabilität der Gebäude.

Nur durch gewissenhafte Instandhaltung des Gebäudes und seiner
Teile sowie rechtzeitige Beseitigung selbst kostspieliger Schäden, ferner
durch rechtzeitiges Anlegen eines Reservefonds (sinking fund) für letztere Zwecke und seinerzeitigen Neubau, ist eine gute Rentabilität und
eine möglichst ausgedehnte Lebensdauer der Turmbauten möglich
gemacht.

SCHLUSS.

Welche Vorschläge lassen sich aus den Turmbauten Amerikas für unsere Verhältnisse aufstellen?

Der Turmbau in der Form der amerikanischen Ausdehnung ist für unsere europäischen und deutschen Verhältnisse weder wirtschaftlich nötig, noch aus ästhetischen und sozialen Gründen wünschenswert. Jedoch müssen wir nachfolgenden Gesichtspunkt in Erwägung ziehen. Viele von uns hatten des öfteren Gelegenheit, in Großstädten die Mühen und den Zeitverlust am eigenen Leibe zu verspüren, der sich darin geltend machte, daß z. B. die Bureauräume der Stadtverwaltung auf die ganze Stadt disloziert sind und ein schnelles Erledigen der anfallenden Arbeiten den Behörden unmöglich machen. Außerdem sind erhebliche Unkosten von seiten der Stadt aufzuwenden, um die Gehälter für die größere Beamtenzahl, Mieten und Instandhaltung der einzelnen Bureaugebäude, Botengehälter, Heizmaterial usw. aufzubringen, die man bei Zu-Zusammenlegen sämtlicher zusammengehöriger Referate in ein Gebäude (Rathaus) vermeiden könnte. Es würde dies lediglich eine Erhöhung des vierstöckigen Gebäudes auf 8—10 Etagen bedeuten, ein Umstand, der sich reichlich heimzahlen würde; nachdem die Rathäuser fast ausnahmslos auf allseitig freien Grundstücken situiert sind, würde das Stadtbild vom ethisch-ästhetischen Standpunkt aus kaum weniger gestört werden als durch eine große Kirche. Eine geschickte Architektenhand wird bei Zusammmfassung der Massen der Fassade in horizontaler und vertikaler Gliederung eine künstlerisch einwandfreie, das Stadtbild verschönernde Lösung finden. Die wirtschaftlichen Vorteile eines derartigen Gebäudes sind finanztechnisch einwandfrei nachzuweisen.

Die kommende Zeit des billigen und rationellen Baues wird uns zwingen, auch in dieser Hinsicht unsere konservativen Bedenken fallen lassen zu müssen.

BOND DEPARTMENT
GRAHAM & SONS
ESTABLISHED 1857
ANDREW J GRAHAM, MANAGER
FRANK J GRAHAM Assistant Manager
RALPH R GRAHAM Assistant Manager
CHICAGO

$500,000.00

KAISERHOF HOTEL

First Mortgage 6% Gold Bonds

Dated December 1, 1913	Maturities below
Authorized $500,000.00	Outstanding $500,000.00

Principal and semi-annual interest (June and December 1st), payable at the Banking House of
GRAHAM & SONS, 659-661 W. Madison Street, CHICAGO
Bonds may be registered as to principal if desired

Denominations: $100 and $500

MATURITIES

December 1st, 1915	$10,000.00	December 1st, 1919	$25,000.00
December 1st, 1916	25,000.00	December 1st, 1920	30,000.00
December 1st, 1917	25,000.00	December 1st, 1921	30,000.00
December 1st, 1918	25,000.00	December 1st, 1922	30,000.00

December 1st, 1923 .... $300,000.00

Redeemable upon one year's notice

These bonds are secured by a first mortgage to Andrew J. Graham, as trustee, upon the leasehold estates, present building and new building located at 316-328 South Clark Street, between Jackson Boulevard and Van Buren Street.

In addition to the above security payment of these bonds and interest is guaranteed by Messrs. Max L. Teich and Carl C. Roessler, who own the controlling interest in the International Hotel Co.—the company which owns and operates the KAISERHOF HOTEL.

The title to the property securing these bonds has been guaranteed by the Chicago Title & Trust Company by its Mortgage Guarantee Policy No 256,851.

The estimated earnings of the new hotel, combined with the earnings of the present hotel, are more than five (5) times the maximum interest charge

We recommend these bonds for conservative investment.

Price, Par and Accrued Interest

To Pay 6%

BOND DEPARTMENT

GRAHAM & SONS, BANKERS

ESTABLISHED 1857

659-66 W. MADISON STREET

CHICAGO

SECURITY FOR BOND ISSUE

The Kaiserhof Hotel is located on the west side of South Clark Street and extends 150 feet between Jackson Boulevard and Van Buren Street. The property consists of two adjoining leasehold estates and the buildings thereon, located at 316–328 South Clark Street. The present Kaiserhof Hotel at 320–328 South Clark Street is an eight-story building with 100 feet frontage.

The new Kaiserhof, located at 316–318 South Clark Street, will adjoin the present Kaiserhof on the north. The new building will have a frontage of fifty feet, and will be eighteen stories high, with attic and basement.

The above property is held under long term leases, the lease on the fifty feet at 316–318 South Clark Street expiring November 1, 1984, with seventy years to run, and the lease on the 100 feet at 320–328 South Clark Street expiring April 30, 1979, with sixty-five years to run. The leases are substantially identical in tenor.

SECURITY

Present Building	$300,000.00
New Building	650,000.00
Value of Leaseholds	450,000.00
Total Security	$1,400,000.00

INSURANCE

The buildings and equipment are fully insured to cover the bond issue.

The Kaiserhof Hotel

The new annex to the Kaiserhof Hotel is being built under the supervision of Messrs. Marshall & Fox, architects who have constructed many large hotels and office buildings. Among their buildings are the New Morrison Hotel and Boston Oyster House, Blackstone Hotel, Burlington Building, and Steger Building in Chicago, the Northwestern Mutual Life Insurance Company in Milwaukee and numerous other large buildings throughout the country.

The new building will be eighteen stories and attic high, built on caissons extending to bed rock, and will have one basement below the ground floor. The hotel will be a strictly fire-proof structure, the principal materials used being steel, concrete, tile, brick, terra cotta, granite, mosaic and marble.

The exterior of the building will follow the German Renaissance style of architecture. Above a base of polished pink Medford granite the three lower stories will be of ornamental gray terra cotta with purple terra cotta columns. The feature of these three floors will be the German imperial eagles wrought in black terra cotta on a gold background.

The upper stories will be finished in brick with terra cotta trimmings similar in design to the lower portions of the building. The roof will be of red tile, following the German plan for buildings of this class. The interior light courts will be finished with white enamel brick.

When complete the hotel will contain 431 rooms, 237 rooms in the new section and 194 in the present section. Of the 296 rooms with bath in the complete hotel, 192 will be in the new section. All the rooms will be provided with running ice water.

Kaiserhof Hotel

The main entrance to the hotel will be in the new annex and will be marked with an ornamental terra cotta canopy—a new feature for this type of building. This canopy will follow the general tone of the main body of the building, with ornamental gold and color inserted. On either side of the main entrance there will be stores with large show windows looking out both on Clark Street and into the hotel lobby.

The main entrance will lead to a large lobby running through two stories encircled by a mezzanine gallery. The lobby, like the exterior, will conform with the baroque style, with marble columns running to a highly ornamental ceiling in keeping with the best design of the German Renaissance. In the rear of the lobby there is to be a writing room finished in Caen stone with green trellis work and ornamental lamps.

Beyond the writing room will be the telephone rooms, check rooms and private offices. On the left of the lobby will be found news and cigar stands, stairs leading to the barber shop, and the entrance into the present hotel and *Bauernstube*.

A monumental stairway will lead to the mezzanine floor, the whole front of which will be occupied by a large parlor; across the entire rear will extend the banquet hall with service rooms leading into the kitchen, located in the present section of the hotel.

The hotel will be equipped with the most up-to-date system of vacuum cleaners and with forced ventilation in the lower floors for heating in winter and cooling in summer.

MANAGEMENT

The management of the hotel will be in the hands of the experienced hotel men, Messrs. Max L. Teich and Carl C. Roessler, who are classed among the best hotel operators in the country.

The success of the new hotel is not problematical, since for some time the present hotel has been inadequate to handle the constantly increasing business. The location is one of the best in Chicago, being in the heart of the business district and of easy access to all railroad stations, theatres and larger business houses. The hotel will be conducted upon the European plan and will continue, as in the past, to be a medium-priced high-grade hostelry.

NEW BUILDING AN ADDITION TO PRESENT HOTEL

The new building, which will be located at 316-318 South Clark Street, will adjoin the present Kaiserhof Hotel on the north. During the construction period, which is estimated at one year, the business will be conducted in the present hotel at 320-328 South Clark Street.

The wisdom of erecting a hotel in sections is easily seen—it preserves the prestige and earning power of the hotel during the building period. It is the plan of the hotel company eventually to tear down the present hotel and make the entire building, fronting 150 feet on Clark Street, an eighteen-story structure.

ESTIMATED EARNINGS

RECEIPTS.

431 Rooms, Restaurant, Bar, Cigars. and News Stand	$648,000.00	
Barber Shop and Concessions	22,000.00	
Store Rentals	12,000.00	
		$682,000.00

EXPENSES

Ground Rent	$ 22,000.00	
Taxes	22,000.00	
Supplies, Salaries, General Expenses and Maintenance	487,680.00	$531,680.00
Net profit available for bond interest		$150,320.00
Maximum interest requirement		30,000.00

NET PROFIT MORE THAN FIVE TIMES THE MAXIMUM INTEREST CHARGE

LEGALITY

The title to the property covered by this bond issue has been guaranteed by the Chicago Title & Trust Company Mortgage Guarantee Policy No. 256,851, guaranteeing these bonds to be a first mortgage

The trust deed and the legality of the mortgage have been passed upon by Messrs. Ryan & Condon, and Messrs. Rubens, Fischer & Mosser.

STRONG POINTS

We direct attention to the following strong points of this bond issue:

(1) Secured by a mortgage on downtown or "loop district" property located in the heart of Chicago's business district, valued conservatively at $1,400,000.00, a valuation equal to more than twice the total bond issue.

(2) Estimated net earnings more than five times the maximum interest charge on the bonds

(3) Bonds mature serially; therefore the margin of security is increasing as the debt is decreasing.

(4) New building, an addition to present hotel under construction, will cause no interruption in business or loss of income.

(5) Management in the hands of men who are among the best hotel men in the country

(6) Bonds personally guaranteed by Messrs. Max L. Teich and Carl C. Roessler.

(7) Insurance fully covers bond issue.

(8) Title guaranteed by the Chicago Title & Trust Co. by its Mortgage Guarantee Policy No. 256,851

(9) Architects, Messrs. Marshall & Fox.

We recommend these bonds for conservative investment

Personal interviews and correspondence invited

GRAHAM & SONS, BANKERS

ESTABLISHED 1857

659-661 W. MADISON STREET, CHICAGO

6% First Mortgage Bonds

Location of Property

The security for these First Mortgage Bonds is the property at the southwest corner of Drexel and Hyde Park Boulevards. From this property a grand view is had down Drexel Boulevard for a mile or more.

The building is right at the head of Drexel Boulevard and overlooks Drexel Square. It is only one block from Washington Park. It is convenient to the Cottage Grove Avenue electric cars, which are only one block away.

The lot is 73 x 144 feet to a 16 foot alley.

Improvements

The improvements consist of a new pressed brick and cream colored enamel terra cotta trimmed structure (English basement style), containing 12 apartments of 6 and 7 rooms and 2 baths each. The cornice of the building will be heavy moulded terra cotta with massive Polychrome Ornaments. The apartments are finished in gum wood and have oak floors throughout. The dining rooms will have Circassian walnut finish.

All sun porches will have tile floors and pressed brick walls. The living rooms have large brick mantels. The ground floor has a large entertainment hall, 40 feet 11 inches, by 22 feet wide, with a reception hall 19 x 13 feet at each end. Each reception hall also has a large mosaic hearth, mosaic floor and Caen stone plastered walls. The entertainment hall has a polished oak floor and is trimmed in gum wood. The main entrance of the building is paved with brick laid in cement with a fountain having stone basin and cement lining. The lobbies have Italian white marble wainscoting with mosaic floors. Gas and electric light, sideboards, refrigerators. The building is heated by steam.

The Borrower

The borrower is connected with a well known chemical company and has other means besides this property

Price and Maturities of the Bonds

The bonds, which are in denominations of $100. $500 and $1000, bear 6% interest, are serial in form and mature as follows:

Number of Bonds	Amount	Total	Date of Maturity
5	$ 500 each	$ 2500	Nov. 6, 1914
25	100 "	2500	May 6. 1915
2	1000 "	2000 ⎱	Nov. 6, 1915
1	500 "	500 ⎰	
5	500 "	2500	May 6, 1916
25	100 "	2500	Nov. 6, 1916
2	1000 "	2000 ⎱	May 6, 1917
1	500 "	500 ⎰	
5	500 "	2500	Nov. 6, 1917
2	1000 "	2000 ⎱	May 6, 1918
1	500 "	500 ⎰	
5	500 "	2500	Nov. 6, 1918
25	100 "	2500	May 6, 1919
5	500 "	2500	Nov. 6, 1919
5	500 "	2500	May 6, 1920
10	1000 "	10000 ⎱	Nov. 6, 1920
30	500 "	15000 ⎰	

Fire Insurance

Fire insurance policies aggregating the sum of $55000 have been placed in our possession to protect the bondholders against possible fire loss. Each policy has a mortgage clause to the Chicago Title & Trust Company as Trustee. The Chicago Title &.Trust Company is Trustee for the bondholders and has certified on each bond as to its genuineness. Furthermore it has issued its mortgage policy of title insurance, guaranteeing the bonds to be a First Mortgage Lien on both the ground and the building.

Interest Payments

The interest payments are quarterly, being payable at this office on February 6th, May 6th, August 6th and November 6th of each year. Principal reductions are May 6th and November 6th each year. Remittances are sent to the investor free of charge.

This Company is making no deductions for Income Tax on any of the above bonds.

Reason for Investors to Purchase their Securities of this Company

1: A reliable investment corporation like the American Bond & Mortgage Company can not afford to deal in bad securities or to advise its customers to invest in them.

2: We consider it a most valuable recommendation to secure good and satisfactory results for our many patrons.

3: You always get protection and good interest for your money by investing in our well secured bonds.

4: Six Per Cent and safety is better than Ten Per Cent with worry and loss.

5: By reason of the large volume of business done by this Company, both in buying and selling, an investor is ordinarily assured of a ready market for his securities in case he may wish to dispose of his holdings quickly.

The statements contained in this circular are based upon investigation, appraisals and information which are believed entirely reliable but the Company does not guarantee the correctness of the information or data.

First Mortgages (Guaranteed Titles)

˙ We have an exceptionally attractive list of First Mortgage Loans secured by modern and well located Chicago Real Estate.
▪ For the benefit of our patrons, the Chicago Title & Trust Company, capital and surplus over $7,000,000, acts as Trustee, certifies on the principal notes as their genuineness, and has issued its title guarantee policies guaranteeing the loans to be First Mortgage Liens.
, When making a purchase of one of our First Mortgages the Investor receives all the papers pertaining to the loan which are as follows:
1. Principal Notes with interest coupons payable semi-annually.
2. All fire insurance papers.
3. The Trust Deed securing the above described notes.
4. The Guarantee Policy for the full amount of the loan from the Chicago Title & Trust Company, guaranteeing the loan to be a first mortgage lien.

Any Amount from $1000 to $50,000.

Complete data will be sent on request.

WILLIAM J. MOORE, President   HANSON F. RANDLE, Vice-President   GUY D. RANDLE, Treasurer
CHARLES B. MOORE, Vice-President   CHARLES C. MOORE, Secretary   PHILIP C. LINDGREN, General Manager

American Bond & Mortgage Company

Bank Floor, Royal Insurance Bldg., 156-160 W. Jackson Blvd., near La Salle
CHICAGO

Long Distance Telephone Wabash 2036

The Ayreshire Apartements. 813—821 Lafayette Parkway.

BRITTEN & REYNOLDS
FRED. A.   PETER F.
8 SO. DEARBORN ST.
HARTFORD BLDG
TELEPHONE CENTRAL 4624   CHICAGO March 2nd, 1913.

Mr. T. E. Gannet,
849 Ainslie St.,
Chicago.

Dear Sir:
        The three cardinal principles to be observed
when renting an apartment are: First, quality. Second,
style and attractiveness. Third, value and price.
THESE IN THE ORDER OF THEIR IMPORTANCE.

        We therefore wish to call your particular
attention to the "Ayreshire Apartment Building" located
at Lake Michigan and LaFayette Parkway, which is one
block north of Lawrence Avenue and one block south of
Castlewood Terrace, running east from Sheridan Road to
the Lake.
        WHY GO TO THE SEA-SHORE?

        We own the water-rights, hence the beach is
private property for the use of our tenants only.

        The building site is such that all Dining-rooms,
Living-rooms and Sun-parlors face and overlook the waters
of the Lake.

The lawn between the Building and the Beach will be beautified by driveway, trees and shrubbery. See enclosed cut.

These Apartments contain from FIVE to NINE rooms, prices from $65.00 to $200.00 per month.

They have every modern convenience, such as: light and spacious Sun-parlors, PLENTY OF CLOSET-ROOM, Private Baths off Main Bed-rooms, marble and mosaic shower Baths separate from Main Bath-room, Vacuum-cleaning, Indirect Lighting, Electric wall-plugs for oil paintings, separate floor-plugs in Dining-room for Candelabras, also separate switches in every room, shower baths in Basement, Private Ball-room, private gas and electric Garages, special space for drying clothes in the open air.

Bonds for this building in value of 100 Doll., 200 Doll., 500 Doll., which bear 6 % interest, are to be had in our town - office.

Apartments will be ready for occupancy April 1st to 15th 1914. Apply Janitor on premises or OUR TOWN OFFICE.

Respectfully,

(Owner)

Abbildungen des Neubaues

der

Continental=Commercial=Bank

⟨Landeshandelsbank⟩

in CHICAGO ⟨Ill.⟩

In laufender Reihenfolge nach Baufortschritt
Bauzeit: 1. Mai 1912 ⌣ 1. April 1914

Bild 1—28

◇

Abbildung 1.

Abbruch der alten Gebäude. (Bemerkenswert große Mauer-
stärke der nach europäischem Muster erbauten Häuser.)

31. Mai 1912.

4*

Abbildung 2.   Abbruch der alten Gebäude.   3. Juni 1912.

Abbildung 3.   Beginn der Caisson-Fundationen im bereits abgebrochenen Bauteil.   25. Juli 1912.

Abbildung 4.   Fortsetzung der Caisson-Arbeiten und Abbruch des zweiten Teiles der alten Gebäude.   15. August 1912.

Abbildung 5.   Vollendung der Abbrucharbeiten.   15. Sept. 1912.

Abbildung 6.   Völliges Freilegen des Bauplatzes und Ausheben der Baugrube.   27. Sept. 1912.

Abbildung 7.   Ausschachtungs- und Caisson-Arbeiten.   Aufstellen von Derrikkranen.   17. Oktober 1912.

Abbildung 8.   Gerüste mit Holzpyramiden, das bei der Ausschachtung von Caissons verwandt wird.   30. Nov. 1912

Abbildung 9. Im Vordergrund zwei ausgeschachtete Caissons, im Hintergrund Beginn des Aufstellens der Eisenkonstruktion. 30. Nov. 1912.

Abbildung 10.

Blick in einen 30 m tiefen, ausgeschachteten Caisson; unten auf
dem Felsen eine elektrische Lampe zur Beleuchtung des Schachtes.

30. Nov. 1912.

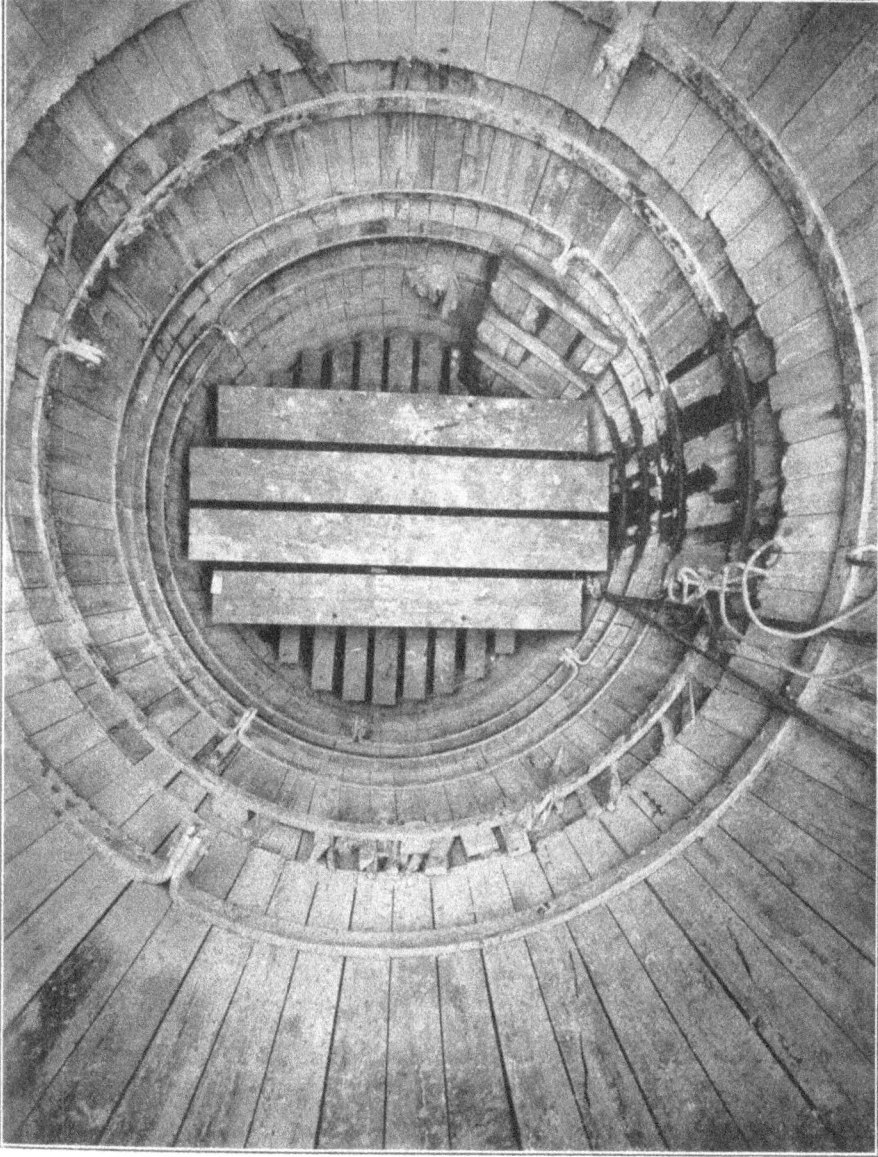

Abbildung 11. Fortsetzung des Bildes Nr. 10. Der Caisson ausbetoniert bis zur Kellersohle mit aufgebrachtem Eisenträgerrost, auf dem die Ständerkonstruktion aufgesetzt wird. 10. Dezember 1912.

Abbildung 12.   Aufschlagen der Eisenkonstruktion.   22. Januar 1913.

Abbildung 13   Blick in den seitlichen Teil des Banksaales. Einziehen der Hohlsteindecken; Montage der Rohrleitungen.   8. März 1913.

Abbildung 14.   Blick in eine Etage.   Im Vordergrund Hohlsteinmuster.   An der rechten Säule Schwachstromleitungen.   8. März 1913.

Abbildung 15.   Blick in die Bankhalle. Über dem sichtbaren Tonnen-   8. März 1913.
gewölbe der Bankhalle ist der Lichthof.

Abbildung 16.   Blick auf die Vorderseite der Bank. Versetzen der Marmorsäulen am Eingang.   12. März 1913.

Abbildung 17.
Beginn des Ausmauerns der Eisenkonstruktion mit Terracottaziegeln auf aufgehangtem Gerüst im 8. Stockwerk.

12. April 1913.

Abbildung 18.   Blick auf das aufgehängte Werkgerüst.   Einbau der Fensterstöcke.   10. April 1913.

Abbildung 19. Hinternauerung der Terracottaziegel und Eisenkonstruktionen mit Backsteinen. 16. April 1913.
Die Säulen werden mit Beton ausgegossen.

Abbildung 20.　　　　Versetzen der Fassade und der Fensterstöcke.　　　　16. April 1913.

Abbildung 21.

Vollendung der Eisenkonstruktion. Montage von Aufbauten für Aufzugsmaschinen,
Wasserreservoirs u. dgl. Hochziehen des Heizungskamines (links oben).

1. Mai 1913.

Abbildung 22.   Fertigstellen der Fassade der unteren Etagen.   3. Mai 1913.

Abbildung 23. Fertigstellen der Fassade der oberen Etagen. 31. Mai 1913.

Abbildung 24.   Blick auf die Dachaufbauten (Wasserreservoirbehälter, Aufzugsmaschinen u. dgl.)   1. November 1913.
und Rückansicht des Hauptgesimses mit aufgebauter Ballustrade.

Abbildung 25. Lichthof (rechteckig angelegt) in der Mitte des Bankgebäudes. 1. November 1913.

Abbildung 26.   Ausbau der Bankhalle.   15. Februar 1914.

Abbildung 27.　　　　Dampfkessel und Kohlenbunker im 3. Kellergeschoß.　　　　15. Februar 1914.

Abbildung 28. Außenansicht des Gebäudes kurz vor völliger Fertigstellung.

Charakteristische Bilder aus den Riesenstädten der Vereinigten Staaten und Typen architektonisch guter Turmbauten

Bild 29—40

◇

Abbildung 29. Wall Straße New-York. Gebäude mit
Pyramide ist Bankiers Trust Gebäude.

Stöhr, Die amerikanischen Turmbauten.

Abbildung 30.   Blick von Broadway Haus Nr. 100   17. April 1914.
auf Singer- und Woolworth Gebäude (New-York).

Abbildung 31.   Woolworth Gebäude in New-York (56 Etagen   17. April 1914.
                        (240 m hoch), höchstes Gebäude der Welt).

Abbildung 32.

Rathaus in New-York.

17. April 1914.

Abbildung 34.   Entwurf für ein Bürogebäude von Versicherungs-Gesellschaften   Mai 1913.
(Equitable Bldg.) in New-York (64 Etagen hoch). Kam nicht
zur Ausführung. Architekten: D. H. Burnham Co., Chicago (Ill.).

Abbildung 37.   Universitätsklub-Gebäude in Chicago (Ill.) an Michigan Avenue.   März 1913.

Abbildung 38.

Hotel Blackstone mit Michigan Avenue in Chicago (Ill.).

März 1914.

Abbildung 39.   „People's gaslight" Gebäude in Chicago (Ill.) an Michigan   März 1914.
Avenue.   (Gebäude f. staatl. u. priv. Lichtgesellschaften.)

Abbildung 40.   Bürogebäude einer Lebensversicherungs-Bank in Milwankee (Wisc.).   Mai 1914.

www.ingramcontent.com/pod-product-compliance
Lightning Source LLC
Chambersburg PA
CBHW070241230326
41458CB00100B/5814